Welcome

Thank you for choosing Page A Day Math, a great way to introduce essential math basics and writing numbers. Page A Day Math books help your child develop a solid math foundation through daily step-by-step practice, repetition, and of course, the friendly Math Squad!

How to Use This Book

1. Student traces and solves each problem, completing a page a day, front and back.
2. Parent checks answers and circles incorrect problems.
3. Student corrects errors.
4. Student colors in achievement stars each day when finished!

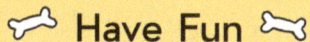 Have Fun

Copyright © 2017 by Page A Day Math. All rights reserved. Published by Page A Day Math LLC. Page A Day Math with the Math Squad is a trademark of Page A Day Math. Page A Day Math and Page A Day Math with the Math Squad and all associated logos are trademarks and/or registered trademarks of Page A Day Math LLC.

ISBN – 978-1-947286-08-5

No part of this publication may be reproduced, stored in a retrieval system, or transmitted in any form or by any means, electronic, mechanical, photocopying, recording, or otherwise, without written permission from the publisher. For information regarding permission, write to Page A Day Math, Attention: Permission Department, 6890 E Sunrise Dr. Suite 120-203, Tucson, AZ 85750. Created and written by Janice Auerbach.

Getting Started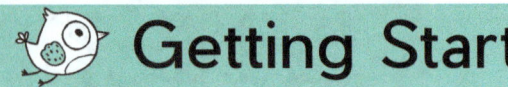

This book belongs to _____

Dear Super Hero Math Student,

You can be a Math Squad Super Hero like Flo, Jo, Bo, Zo, and me! Practice every day and you'll be a math star too!

P.S. Check out what my math buddies and I are up to in the Math Squad Monthly at www.PageADayMath.com.

Day 1

Count ⇨ 0 + 🔢🔢 = 🔢🔢

Learn ⇨ 0 + 9 = 9

Trace ⇨ 0 + 9 = 9

Copy ⇨ ☐ + ☐ = ☐

Flo says, "Practice and you'll be a math star!"

1) 0 + 9 = ☐   6) 8 + 2 = ☐

2) 9 + 0 = ☐   7) 9 + 8 = ☐

3) 10 + 8 = ☐   8) 0 + 9 = ☐

4) 6 + 8 = ☐   9) 1 + 8 = ☐

5) 0 + 9 = ☐   10) 8 + 5 = ☐

© 2017 Page A Day Math, LLC

Day 1

Wow, you are learning fast. Here are a few more.

11) 8 + 10 = ☐   18) 3 + 3 = ☐

12) 8 + 5 = ☐   19) 4 + 4 = ☐

13) 4 + 6 = ☐   20) 6 + 7 = ☐

14) 7 + 3 = ☐   21) 2 + 10 = ☐

15) 10 + 6 = ☐   22) 9 + 8 = ☐

16) 4 + 7 = ☐   23) 7 + 3 = ☐

17) 8 + 6 = ☐   24) 4 + 9 = ☐

☆ Color in the stars each day when you finish!

Day 2

Count ⇨   +   =

Learn ⇨   1 + 9 = 10

Trace ⇨   1 + 9 = 10

Copy ⇨

You are on your way to success! Try these!

1) 0 + 9 =
2) 8 + 10 =
3) 9 + 1 =
4) 8 + 6 =
5) 9 + 0 =

6) 2 + 8 =
7) 8 + 5 =
8) 0 + 9 =
9) 4 + 8 =
10) 8 + 3 =

Day 2

You are coming along. Practice makes perfect!

11) 4 + 7 =
12) 7 + 6 =
13) 6 + 4 =
14) 2 + 7 =
15) 7 + 5 =
16) 6 + 3 =
17) 8 + 5 =

18) 9 + 4 =
19) 6 + 2 =
20) 4 + 5 =
21) 2 + 9 =
22) 4 + 3 =
23) 8 + 2 =
24) 9 + 3 =

 Color in the stars each day when you finish!

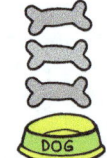

 # Day 3

Count ⇨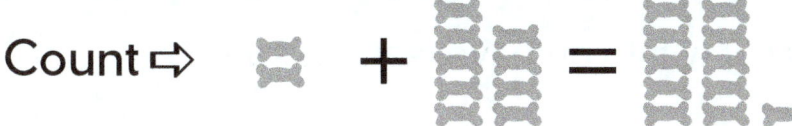

Learn ⇨ 2 + 9 = 11

Trace ⇨ 2 + 9 = 11

Copy ⇨

Hurray! Keep going. You've got it.

1) 2 + 9 =
2) 9 + 2 =
3) 0 + 9 =
4) 8 + 9 =
5) 2 + 9 =

6) 6 + 7 =
7) 5 + 5 =
8) 9 + 2 =
9) 5 + 5 =
10) 8 + 6 =

Day 3

Alright! Now review what you have learned so far.

11) 8 + 2 =   18) 2 + 5 =

12) 6 + 3 =   19) 8 + 3 =

13) 3 + 8 =   20) 3 + 7 =

14) 9 + 2 =   21) 4 + 3 =

15) 5 + 3 =   22) 7 + 2 =

16) 2 + 6 =   23) 2 + 3 =

17) 4 + 2 =   24) 3 + 5 =

 Color in the stars each day when you finish!

Day 4 Review

Practice makes perfect. That's right! Hurray!

1) 8 + 7 =

2) 3 + 6 =

3) 4 + 7 =

4) 8 + 2 =

5) 8 + 8 =

6) 5 + 10 =

7) 9 + 2 =

8) 5 + 4 =

9) 7 + 2 =

10) 1 + 4 =

11) 6 + 6 =

12) 5 + 2 =

13) 10 + 8 =

14) 8 + 9 =

 # Day 4 Review

Keep practicing! You are getting better each day. Woof!

15) 3 + 8 = ☐

16) 9 + 6 = ☐

17) 2 + 9 = ☐

18) 4 + 9 = ☐

19) 8 + 9 = ☐

20) 9 + 3 = ☐

21) 5 + 7 = ☐

22) 7 + 9 = ☐

23) 5 + 5 = ☐

24) 7 + 6 = ☐

25) 7 + 10 = ☐

26) 6 + 6 = ☐

27) 10 + 8 = ☐

28) 8 + 8 = ☐

 Color in the stars each day when you finish!

 # Day 5

Count ⇨ ▓ + ▓▓ = ▓▓▓

Learn ⇨ 3 + 9 = 12

Trace ⇨ 3 + 9 = 12

Copy ⇨ ☐ + ☐ = ☐

You are doing so well. Keep it up. Terrific!

1) 3 + 9 = ☐

2) 9 + 3 = ☐

3) 1 + 9 = ☐

4) 9 + 0 = ☐

5) 3 + 9 = ☐

6) 9 + 2 = ☐

7) 1 + 9 = ☐

8) 9 + 3 = ☐

9) 9 + 8 = ☐

10) 8 + 7 = ☐

Day 5

You are getting better each day. Woof! Yippee.

11) 9 + 3 =

12) 8 + 4 =

13) 4 + 4 =

14) 2 + 9 =

15) 3 + 8 =

16) 7 + 2 =

17) 0 + 9 =

18) 7 + 3 =

19) 4 + 6 =

20) 2 + 8 =

21) 9 + 1 =

22) 6 + 3 =

23) 4 + 8 =

24) 5 + 5 =

 # Day 6

Count ➡ 🦴 + 🦴🦴 = 🦴🦴🦴

Learn ➡ 4 + 9 = 13

Trace ➡ 4 + 9 = 13

Copy ➡ ☐ + ☐ = ☐

Flo says, "Try these...woof...go for it!"

1) 4 + 9 = ☐   6) 1 + 9 = ☐

2) 9 + 4 = ☐   7) 3 + 9 = ☐

3) 2 + 9 = ☐   8) 4 + 9 = ☐

4) 9 + 3 = ☐   9) 8 + 4 = ☐

5) 4 + 9 = ☐   10) 3 + 3 = ☐

Day 6

You are on the right track. Wonderful! Keep it up!

11) 9 + 4 =

12) 1 + 9 =

13) 9 + 2 =

14) 3 + 9 =

15) 8 + 7 =

16) 9 + 8 =

17) 0 + 9 =

18) 8 + 10 =

19) 7 + 8 =

20) 9 + 4 =

21) 8 + 6 =

22) 6 + 5 =

23) 1 + 9 =

24) 6 + 6 =

Day 7

Count ⇨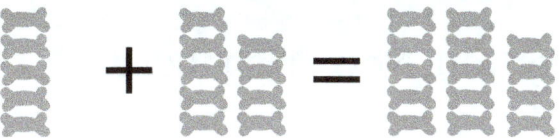

Learn ⇨ 5 + 9 = 14

Trace ⇨ 5 + 9 = 14

Copy ⇨

OK, now try these. Jo knows you can do it.

1) 5 + 9 =

2) 9 + 5 =

3) 3 + 9 =

4) 9 + 1 =

5) 5 + 9 =

6) 9 + 4 =

7) 2 + 9 =

8) 9 + 5 =

9) 3 + 9 =

10) 9 + 1 =

Day 7

Terrific. Good for you. Now finish these.

11) 9 + 5 = ☐☐   18) 0 + 9 = ☐☐

12) 4 + 7 = ☐☐   19) 9 + 3 = ☐☐

13) 8 + 3 = ☐☐   20) 1 + 9 = ☐☐

14) 9 + 4 = ☐☐   21) 7 + 8 = ☐☐

15) 4 + 6 = ☐☐   22) 4 + 9 = ☐☐

16) 3 + 7 = ☐☐   23) 8 + 5 = ☐☐

17) 2 + 9 = ☐☐   24) 9 + 2 = ☐☐

Day 8 Review

You are trying so hard. Great effort!

1) 7 + 3 =

2) 6 + 5 =

3) 10 + 7 =

4) 9 + 4 =

5) 6 + 7 =

6) 3 + 8 =

7) 8 + 6 =

8) 9 + 2 =

9) 8 + 8 =

10) 6 + 6 =

11) 8 + 2 =

12) 9 + 8 =

13) 5 + 4 =

14) 9 + 2 =

 # Day 8 Review

You are a super hero math star. Good for you! Yay!

15) 5 + 5 =   22) 3 + 3 =

16) 1 + 1 =   23) 5 + 5 =

17) 3 + 3 =   24) 4 + 5 =

18) 7 + 7 =   25) 4 + 4 =

19) 1 + 8 =   26) 7 + 8 =

20) 2 + 2 =   27) 8 + 8 =

21) 6 + 6 =   28) 5 + 6 =

Day 9

Count ⇨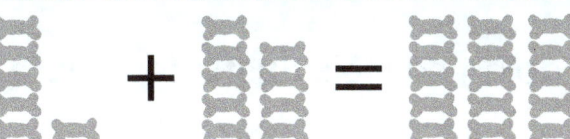

Learn ⇨ 6 + 9 = 15

Trace ⇨ 6 + 9 = 15

Copy ⇨

You are really improving. Woof-woof.

1) 6 + 9 =
2) 9 + 6 =
3) 9 + 2 =
4) 4 + 9 =
5) 6 + 9 =

6) 5 + 9 =
7) 7 + 9 =
8) 9 + 6 =
9) 1 + 9 =
10) 9 + 3 =

Day 9

Super! You are doing so well. Just a few more. Yay!

11) 4 + 6 =
12) 5 + 6 =
13) 6 + 9 =
14) 7 + 7 =
15) 7 + 8 =
16) 2 + 10 =
17) 9 + 6 =

18) 5 + 7 =
19) 5 + 9 =
20) 4 + 8 =
21) 9 + 6 =
22) 8 + 8 =
23) 10 + 4 =
24) 7 + 8 =

Day 10

Count ⇨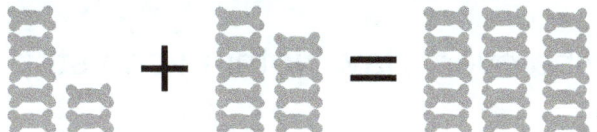

Learn ⇨ 7 + 9 = 16

Trace ⇨ 7 + 9 = 16

Copy ⇨ ☐ + ☐ = ☐

You are so determined. Good for you! Arf-arf!

1) 7 + 9 = ☐

2) 9 + 7 = ☐

3) 5 + 9 = ☐

4) 9 + 2 = ☐

5) 7 + 9 = ☐

6) 0 + 9 = ☐

7) 9 + 4 = ☐

8) 7 + 9 = ☐

9) 1 + 9 = ☐

10) 3 + 9 = ☐

Day 10

You are improving every day. Nothing can stop you now!

11) 9 + 7 =

12) 4 + 5 =

13) 5 + 9 =

14) 6 + 5 =

15) 9 + 1 =

16) 7 + 6 =

17) 2 + 9 =

18) 2 + 8 =

19) 9 + 3 =

20) 3 + 2 =

21) 5 + 4 =

22) 9 + 4 =

23) 7 + 9 =

24) 5 + 8 =

Day 11

Count ⇨ 🟰🟰 + 🟰🟰 = 🟰🟰🟰

Learn ⇨ 8 + 9 = 17

Trace ⇨ 8 + 9 = 17

Copy ⇨ ☐ + ☐ = ☐

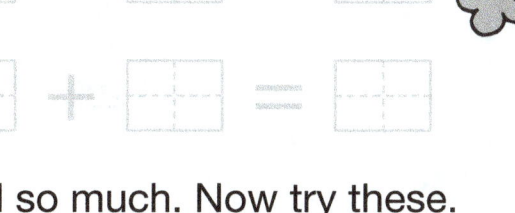

You have learned so much. Now try these.

1) 8 + 9 = ☐   6) 5 + 9 = ☐

2) 9 + 8 = ☐   7) 2 + 9 = ☐

3) 9 + 6 = ☐   8) 9 + 8 = ☐

4) 3 + 9 = ☐   9) 1 + 9 = ☐

5) 8 + 9 = ☐   10) 9 + 4 = ☐

Day 11

You make it look easy. Way to go. You are awesome.

11) 9 + 8 =
12) 2 + 9 =
13) 6 + 7 =
14) 7 + 9 =
15) 8 + 7 =
16) 1 + 9 =
17) 9 + 4 =

18) 7 + 9 =
19) 9 + 5 =
20) 5 + 6 =
21) 4 + 6 =
22) 3 + 9 =
23) 6 + 9 =
24) 4 + 5 =

Day 12 Review

You did it. You are a math star! Tremendous.

1) 7 + 3 =

2) 6 + 8 =

3) 9 + 2 =

4) 4 + 6 =

5) 3 + 3 =

6) 10 + 6 =

7) 5 + 2 =

8) 4 + 5 =

9) 4 + 4 =

10) 7 + 7 =

11) 6 + 6 =

12) 5 + 5 =

13) 0 + 9 =

14) 1 + 10 =

 # Day 12 Review

You have it now. Keep up the super effort. Go for it.

15) 9 + 8 =

16) 10 + 3 =

17) 6 + 6 =

18) 7 + 9 =

19) 8 + 5 =

20) 9 + 4 =

21) 3 + 5 =

22) 9 + 4 =

23) 7 + 7 =

24) 5 + 5 =

25) 6 + 9 =

26) 3 + 8 =

27) 9 + 5 =

28) 4 + 9 =

Day 13

Count ⇨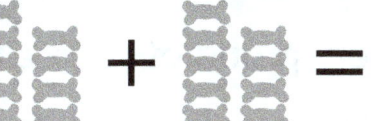

Learn ⇨ 9 + 9 = 18

Trace ⇨ 9 + 9 = 18

Copy ⇨

You have the hang of it. You're great at math!

1) 9 + 9 =
2) 5 + 9 =
3) 9 + 9 =
4) 9 + 3 =
5) 1 + 9 =

6) 4 + 9 =
7) 9 + 9 =
8) 9 + 2 =
9) 0 + 9 =
10) 9 + 6 =

Day 13

Nice going. You can be very proud of yourself. Wow!

11) 6 + 9 =

12) 8 + 3 =

13) 7 + 7 =

14) 5 + 9 =

15) 3 + 3 =

16) 4 + 6 =

17) 7 + 4 =

18) 8 + 8 =

19) 9 + 5 =

20) 10 + 8 =

21) 4 + 3 =

22) 4 + 5 =

23) 5 + 7 =

24) 9 + 9 =

Day 14

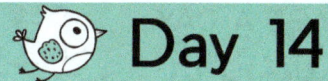

Count ⇨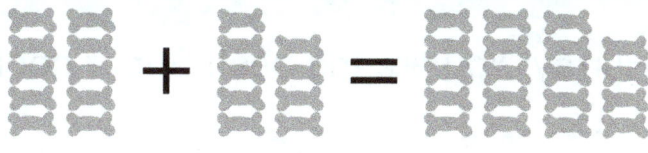

Learn ⇨ 10 + 9 = 19

Trace ⇨ 10 + 9 = 19

Copy ⇨ ☐ + ☐ = ☐

You are almost finished with this book! Good for you!

1) 10 + 9 = ☐   6) 4 + 9 = ☐

2) 9 + 10 = ☐   7) 9 + 2 = ☐

3) 8 + 9 = ☐   8) 9 + 10 = ☐

4) 9 + 7 = ☐   9) 1 + 9 = ☐

5) 10 + 9 = ☐   10) 9 + 3 = ☐

Day 14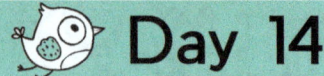

Last page. Hurray! You are the best! Super cool. Yippee!

11) 9 + 10 =

12) 3 + 9 =

13) 9 + 9 =

14) 2 + 9 =

15) 10 + 9 =

16) 9 + 8 =

17) 9 + 9 =

18) 7 + 9 =

19) 9 + 9 =

20) 9 + 3 =

21) 8 + 9 =

22) 4 + 10 =

23) 5 + 9 =

24) 9 + 4 =

Certificate

HURRAY! YOU ARE A MATH STAR!

THE MATH SQUAD CONGRATULATES _____ FOR COMPLETING **ADDITION AND COUNTING, BOOK 9.**